EXPLORA LA NATURALEZA™

EXPLORA LA NATURALEZA™

Abejas

POR DENTRO Y POR FUERA

Texto: Gillian Houghton
Ilustraciones: Studio Stalio
Traducción al español: Mauricio Velázquez de León

The Rosen Publishing Group's
Editorial Buenas Letras™
New York

Published in 2004 in North America
by The Rosen Publishing Group, Inc.
29 East 21st Street, New York, NY 10010

Copyright © 2004
by Andrea Dué s.r.l., Florence, Italy, and
Rosen Book Works, Inc., New York, USA

First Edition

Book Design:
Andrea Dué s.r.l., Florence, Italy

Illustrations:
Studio Stalio (Ivan Stalio, Alessandro Cantucci, Fabiano Fabbrucci)
Map by Alessandro Bartolozzi

Spanish Edition Editor: Mauricio Velázquez de León

Library of Congress Cataloging-in-Publication Data
Houghton, Gillian.
[Bees, inside and out. Spanish]
Abejas, por dentro y por fuera / by Gillian Houghton;
traducción al español, Mauricio Velázquez de León
     p. cm. — (Explora la naturaleza)
Summary: Describes the physical characteristics of honeybees,
where they are found, their behavior and social interactions,
and a brief history of beekeeping.
Includes bibliographical references (p.).
ISBN 1-4042-2862-4
1. Honeybee—Juvenile literature. [1. Honeybee. 2. Bees. 3. Spanish
language materials.] I. Title. II. Getting into nature. Spanish.
QL568.A6H5818 2003
595.79'9—dc22
                                                        2003058746

Manufactured in Italy by Eurolitho S.p.A., Milan

Contenido

El cuerpo de la abeja

Las abejas son **insectos**. Tienen un cuerpo peludo y céreo que se divide en tres partes: la cabeza, el tórax y el abdomen.

La cabeza tiene dos juegos de ojos y dos **antenas** largas. Cerca de la parte inferior de la cabeza de la abeja se encuentran las mandíbulas. Por ahí se encuentra la probóscide, que es como una trompa larga que sirve como lengua y como **pajilla**. El tórax es la parte media del cuerpo de la abeja, donde están las alas y las patas. La parte trasera es el abdomen donde se encuentran los **órganos**. En la punta trasera del abdomen está el aguijón, el arma más famosa de la abeja.

Abeja
(Apis mellifera)

Una mirada por dentro

El cerebro de la abeja se encuentra en la cabeza.
El tórax forma el núcleo muscular de su cuerpo.
En el abdomen se encuentra el buche de
la abeja, que es una bolsa en la que
se almacena el néctar. Además
contiene el corazón, las **glándulas**
que producen la cera y los
órganos que procesan
los alimentos.
En el abdomen
también están
el aguijón, una glándula
que produce **veneno** y los
órganos sexuales.

La abeja depende de sus sentidos
para encontrar comida, defender
su **colonia**, reproducirse y cuidar
sus crías. Como los humanos, las
abejas tienen cinco sentidos (vista,
olfato, gusto, tacto y oído), que

aorta

cerebro

tórax

antena

faringe

mandíbula

ganglio
nervioso

pata delantera

probóscide

6

utilizan de manera muy diferente. Por ejemplo, las abejas usan sus antenas y su probóscide para probar la comida, y perciben el sonido por medio de vibraciones en sus patas.

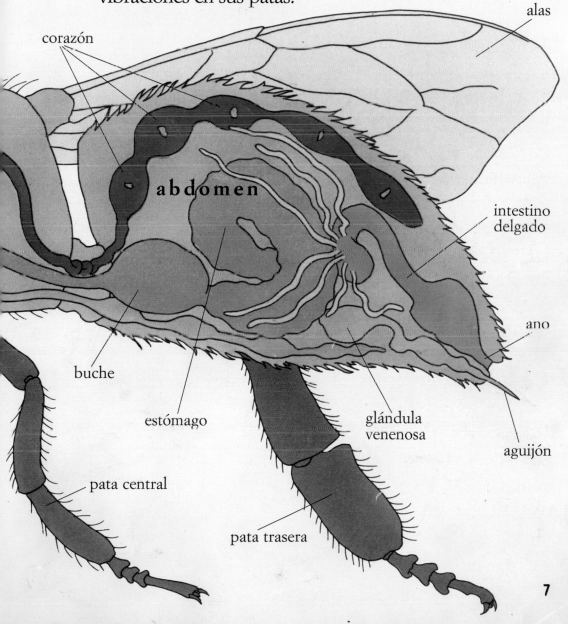

alas

corazón

abdomen

intestino delgado

ano

buche

estómago

glándula venenosa

aguijón

pata central

pata trasera

Las abejas en el mundo

Los primeros parientes de las abejas
modernas aparecieron en la tierra hace
unos 40 millones de años. Con el pasar del
tiempo, estas abejas prehistóricas, conocidas
como *Electrapis*, sufrieron varias transformaciones
físicas. Hace unos 35 millones de años, un nuevo tipo
de abeja había evolucionado. Se le llamaba *Apis*. Las
abejas modernas se parecen mucho a las *Apis* prehistóricas
y comparten la misma **clasificación** y nombre científico.
Los científicos creen que las antiguas Apis se comportaban
de una forma muy similar a las abejas modernas, sembrando
polen en las flores, produciendo miel y conviviendo con
otras abejas en sus colonias.

Las abejas modernas son originarias de Europa, África
y partes de Asia. Entre los siglos diecisiete y diecinueve,
los colonos europeos trajeron colonias de abejas a Norte-
américa, Sudamérica y Australia. Las abejas proliferaron
en sus nuevos hogares, adaptándose a los retos ambientales
en estas regiones. En la actualidad, las abejas son miembros
importantes de los **ecosistemas** alrededor del mundo.

EUROPA

A S I A

ÁFRICA

AUSTRALIA

Abajo: Una abeja prehistórica *(Electrapis)* que ha sido preservada en un material pegajoso llamado ámbar. Los insectos que quedan atrapados y mueren en ámbar no se pudren.

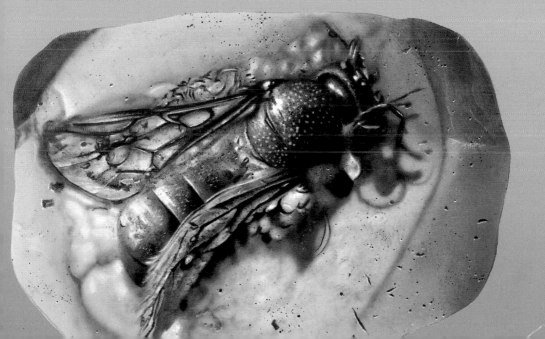

Vida en familia

reina

zángano

Las abejas viven en sociedades muy estructuradas llamadas colonias. Los miembros de estas colonias se dividen en tres grupos: la reina, los zánganos y las obreras.

La abeja reina es la líder y debe aparearse con los zánganos de otras colonias y poner huevos en su propia colmena. Los zánganos son sus crías machos, y su única labor es **aparearse** con las abejas reina de otras colonias. Las abejas obreras son las hijas de la reina y no pueden poner huevos.

De jóvenes, las obreras construyen la colmena y la protegen de sus enemigos. Además, cuidan el panal, que es donde se guarda la miel. Las obreras consiguen comida y alimentan a la reina y a cientos de zánganos. Es una labor agotadora. Las obreras sólo viven unas cuantas semanas.

Página opuesta: Tres crisálidas de abejas africanas en sus capullos. Muy pronto dejarán sus capullos como abejas adultas.

obrera

Abajo: En esta fotografía vemos las siete fases en el desarrollo de una abeja, desde el huevo *(izquierda)* hasta la crisálida *(derecha).*

En la parte de en medio son larvas. Un huevo tarda varias semanas en crecer como larva, crisálida y, finalmente, una abeja adulta.

Bienvenido a la colmena

La vida de una abeja gira en torno a su colmena. La colmena es un albergue, un sitio para almacenar comida y un lugar para criar a los nuevos miembros de la colonia. La colmena está fabricada con cera de abeja, una grasosa mezcla de miel y polen que se produce en las glándulas de las abejas obreras. Se necesitan dos libras (1 kilo) de miel para formar suficiente cera para construir una colmena.

La colmena es una estructura complicada. Está compuesta por panales, formados por miles de celdas, en los que se almacena la miel. Cada celda tiene seis lados de igual tamaño y está inclinada ligeramente hacia arriba para evitar que la miel se derrame. Aunque las paredes son muy delgadas, son capaces de soportar mucha miel. Cerca de 80,000 celdas forman un panal de dos caras en las paredes de la colmena. Una colmena suele tener unos diez panales en su interior.

Abajo: Ésta es una colmena artificial, o colmena Langstroth. Contiene marcos de madera móviles en los que las abejas pueden construir sus panales.

Derecha: Colmena en su estado natural. Las celdas con los huevos, larvas y crisálidas, pueden verse sobre las celdas donde se almacena la miel. Las abejas obreras cuidan ambos grupos de celdas.

Abajo, derecha: Una colmena dentro del tronco de un árbol.

Abajo, derecha: Una colmena artificial en la que las abejas forman panales colgantes.

Néctar y polen

En las temporadas en las
que florecen las plantas, las abejas recolectan
y almacenan los alimentos que consumirán
durante el invierno. Las abejas sobreviven
por medio de néctar y polen. El néctar es un
líquido dulce que producen las flores y es la
materia prima en la fabricación de la miel.
Es una excelente fuente de carbohidratos,
es decir, de azúcares y almidones. Las
flores también producen un fino polvo
llamado polen. Al igual que el
néctar, es muy sano y ayuda
a las larvas y a la abeja reina
a crecer sanas y fuertes.

próboscide

estigma

estambre

pétalo

El néctar y el polen son extraídos de las
flores por las abejas obreras. Las abejas
obreras son capaces de transportar cargas
de néctar más pesadas que su propio cuerpo.
¡Para producir un gramo (0.035 onzas) de miel
se necesitan unos 75 viajes de la colmena
a las flores!

antera

filamento

ovario

Izquierda: Un acercamiento a la cabeza de una abeja y su probóscide. Ésta actúa como lengua y como pajilla.

Abajo: Una abeja recolecta néctar de una flor usando su probóscide. Mientras esto sucede, el polen se adhiere a las patas de la abeja. El polen que cae de las patas de la abeja, ayudará a otras plantas a producir flores.

¡A bailar!

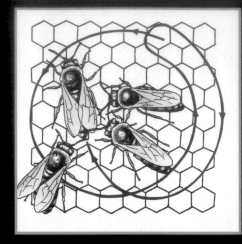

Una colonia de abejas depende de su comunicación para sobrevivir. Las abejas se comunican por medio de sus sentidos del oído y del tacto. La información recolectada en sus patas y sus antenas les permite reconocer el aroma de unas setecientas clases de flores y el lugar donde se localizan. Entonces las abejas pueden compartir esta información entre sí por medio de mensajes visuales conocidos como bailes. Al hacer vibrar, o mover rápidamente sus alas, las abejas producen un zumbido con el que anuncian al resto de las abejas los viajes en busca de polen y néctar. Muchos científicos creen que cuando una abeja obrera regresa a la colmena, le informa a las demás dónde encontrar polen y néctar por medio de

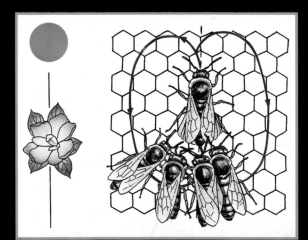

una "danza". Se dice que al moverse en círculos, meneando el abdomen y produciendo zumbidos con las alas, la abeja informa a sus compañeras dónde encontrar alimento.

Arriba: Este baile le dice a las demás obreras que el néctar y el polen se encuentran a la derecha, en ángulo con el sol.

Abajo: Este baile similar, le dice a las obreras que el néctar y el polen se encuentra a la izquierda, en ángulo con el sol.

Arriba a la izquierda: Una abeja ejecuta una danza circular para decirle a las otras que ha encontrado néctar y polen a 35 yardas (32.5 m) de distancia de la colmena.

Izquierda: Una abeja se menea agitadamente para anunciar a las otras que ha encontrado néctar y polen frente a la colmena, en dirección al sol.

La abeja reina

Cada colonia de abejas tiene una reina, una abeja hembra que procrea a miles de sus miembros. Como cualquier otra abeja, la reina comienza su vida en un huevo hasta convertirse en **larva**. La larva de una abeja reina es alimentada con una sustancia azucarada llamada jalea real. El resto de las larvas reciben una sustancia menos azucarada, mezcla de miel, polen y agua. Al ser alimentada con jalea real, la abeja reina es capaz de aparearse y poner huevos. La reina vivirá durante tres años, mientras que los zánganos y las obreras vivirán sólo unas cuantas semanas.

Al alcanzar la edad adulta, la abeja reina tiene sólo dos semanas para aparearse. Entonces deja el nido en busca de zánganos, con los que se aparea en un "vuelo nupcial". Al finalizar, la reina regresa al nido donde pasa el invierno. Conforme se acerca la primavera, comienza a colocar unos 2,000 huevos cada día. Los huevos se colocan en los panales donde se encontraban los suministros de comida.

Arriba: Una abeja reina. Alimentada con los azúcares de la jalea real, la abeja reina crecerá más que el resto de las abejas y podrá poner huevos.

Abajo: Ésta es una fotografía de una abeja reina rodeada por docenas de sus obreras. Su trabajo es alimentar a la reina y a los zánganos, construir y defender la colmena.

Nace una abeja

huevo

Tres días después de haber sido puestos los huevos, salen las larvas. La mayoría de las larvas se convertirán en abejas obreras. Las obreras son hembras que nunca se aparearán ni fertilizarán huevos. En cambio, pasarán sus vidas cubriendo las necesidades de la abeja reina y del resto de la colonia. Las demás larvas se convertirán en zánganos, que son abejas machos que no tienen otro trabajo en la colonia que el de aparearse. Después de diez días, las larvas tejerán un **capullo**. Las abejas adultas cubrirán con cera la celda donde se encuentra el capullo. En este ambiente seco y caliente la larva se convierte en una **crisálida**. En el capullo, la crisálida cambia de una forma parecida a un gusano a la de una abeja. Tres semanas más tarde saldrá del capullo una abeja adulta. La reina seguirá colocando huevos cada primavera, aumentando la población de la colonia hasta que no haya más sitio en la colmena, ni más alimentos para nuevos miembros.

Derecha: Una abeja adulta sale de su celda tras despojarse de su capullo.

Extrema derecha: Las celdas de este panal contienen abejas en distintas etapas de su desarrollo desde el huevo (*arriba*), larva en capullo (*en medio*) hasta abeja adulta (*abajo*).

larva

larva en capullo

crisálida

abeja adulta

Las abejas pioneras

A mediados de la primavera, la población de la colonia suele ser demasiado grande para la colmena. En ese caso, la abeja reina y la mitad de las obreras salen en busca de un nuevo hogar. La reina pone varios huevos que también serán alimentados con jalea real. Justo antes de que las nuevas reinas dejen sus capullos, la reina y sus seguidores, llamados enjambre, dejan la colmena. Las abejas se reúnen en un árbol cercano y envían exploradoras en busca de un nuevo hogar. Éste debe estar bien escondido, seco y protegido del viento. Debe tener una entrada pequeña y fácil de cuidar, y debe además estar rodeado de plantas y flores. Cuando las exploradoras encuentran dicho sitio, el resto del enjambre se muda. La nueva colonia tiene mucho trabajo por delante, y antes de que llegue el invierno deberán construir un nuevo panal y recolectar suficiente miel para sobrevivir.

Mientras tanto, en la vieja colonia surge una nueva abeja reina que matará al resto de las candidatas con su aguijón. Entonces se convertirá en la nueva reina y la vida de la colmena continuará por un año más.

Arriba: Esta ilustración muestra un enjambre de abejas saliendo de su vieja colmena en busca de un lugar para construir una nueva colonia.

Arriba: Esta fotografía muestra un enjambre de abejas reunidas en la rama de un árbol antes de salir en busca de su nuevo hogar.

23

Conoce la apicultura

Durante siglos los seres humanos hemos disfrutado del dulce sabor de la miel. Pinturas rupestres de hace 15,000 años muestran que los hombres prehistóricos ya recolectaban miel de las colmenas. La miel se utilizaba para mantener fresca la carne, endulzar alimentos y producir bebidas como el **aguamiel**. La cera de las abejas era utilizada para fabricar velas y, en lugares como en Indonesia, se utilizaba en el *batik*, que es una técnica de impresión para fabricar telas multicolores.

Los primeros apicultores fueron los egipcios. Éstos hicieron perforaciones en montículos de arcilla en los que las abejas construian sus colmenas y la miel podía ser recolectada. En el norte de Europa, en el siglo primero, los apicultores usaban canastas para albergar a las abejas. En 1853, se inventaron los marcos de madera móviles. Una versión muy similar de estos panales, se sigue usando en la actualidad.

Aquí se muestran algunos de los productos más comunes fabricados con la ayuda de las abejas, incluyendo miel, velas, figuras de cera y jalea real que se utiliza en maquillaje.

Arriba: Una ilustración del siglo once muestra apicultores recolectando enjambres de abejas en canastas.

Derecha: Esta pintura en roca de hace 7,000 años muestra a una persona recolectando miel en su estado natural dentro de un árbol, práctica que continúa en África en la actualidad.

HONEY

Glosario

aguamiel (el) Agua mezclada con alguna porción de miel.

antena (la) Órgano sensorial en la cabeza de los insectos.

aparearse Juntar los cuerpos de los machos con las hembras para reproducirse.

capullo (el) Envoltura de forma oval dentro de la cual se encierran algunos insectos para transformarse en crisálida.

céreo (a) De cera.

clasificación (la) Ordenación de los nombres y grupos de animales y vegetales que se utiliza para describirlos y definirlos.

colonia (la) Grupo de animales de una misma especie que conviven en un territorio determinado.

crisálida (la) La etapa intermedia en el desarrollo de una abeja.

ecosistema (el) Comunidad de plantas y animales que viven y comparten un cierto territorio.

glándulas (las) Grupo de células u órgano que toma material del flujo sanguíneo, lo transforma y lo regresa a la sangre para utilizarlo en otra parte del cuerpo. Las abejas tienen glándulas que producen cera para la fabricación de sus panales.

insectos (los) Animales que generalmente tienen el cuerpo dividido en cabeza, tórax, abdomen y tres pares de patas.

larva (la) Abeja en estado de desarrollo que aún no ha adquirido la forma y la organización propia de una abeja adulta.

órganos (los) Grupo de células o una parte del cuerpo que cumplen con una función específica en el organismo.

órganos sexuales (los) Grupo de órganos que intervienen en la reproducción en animales y vegetales.

pajilla (la) Tubo que sirve para sorber líquidos, especialmente refrescos. También llamado popote.

veneno (el) Sustancia capaz de producir grave daño e incluso la muerte, que usan algunos animales para atacar a sus enemigos.

Índice

Sitios Web

Debido a las constantes modificaciones en los sitios de Internet, Editorial Buenas
Letras ha desarrollado un listado de sitios Web relacionados con el tema de este libro.
Este sitio se actualiza con regularidad. Por favor, usa este enlace para acceder a la lista:

www.buenasletraslinks/nat/abejas

Acerca del autor

Gillian Houghton es editora y escritora
independiente y vive en la ciudad de Nueva York.

Créditos fotográficos